Summer tea Book

Summer tea Book

Summer tea Book

Summer tea Book

Summer tea Book

Summer tea Book

Summer tea Book

This Book belongs to

______

______

To
my Glass

獻給我的玻璃茶杯

紅茶時間

II

清爽的夏日午茶時光

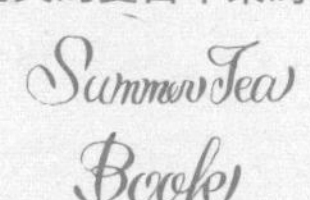

Summer Tea 並不單單只是指夏天的飲品。
用玻璃杯就可以輕鬆享用的飲品、簡單易製作的茶點，
以及對身體沒有負擔的花草茶等等，
我都稱之為 Summer Tea。
希望這是一本能呈現出夏日一般明亮清爽感覺的
Tea Time Book。

山田詩子

Summer Tea Book

Contents
目錄

Introduction

序

不只是在夏天，
我們一整年裡隨時都可能沒來由地
感到疲倦或緊繃。
本書刊載了既能療癒身心、
又能開心享受的提案。
可以讓心情爽朗、讓人感到放鬆舒適、
或是刺激食慾的，會是些什麼呢？
可能是清爽的冷飲、可能是暖呼呼的花草茶；
或許是風味獨具的食物、
又或許是開心愉快的聊天對話。
它們成為了我們的力量，
讓我們能去追尋更多讓自己感到愉快、
心情更為寬闊的各種事物。

Have a nice glass of tea !

Chapter 1 Summer Tea Lesson

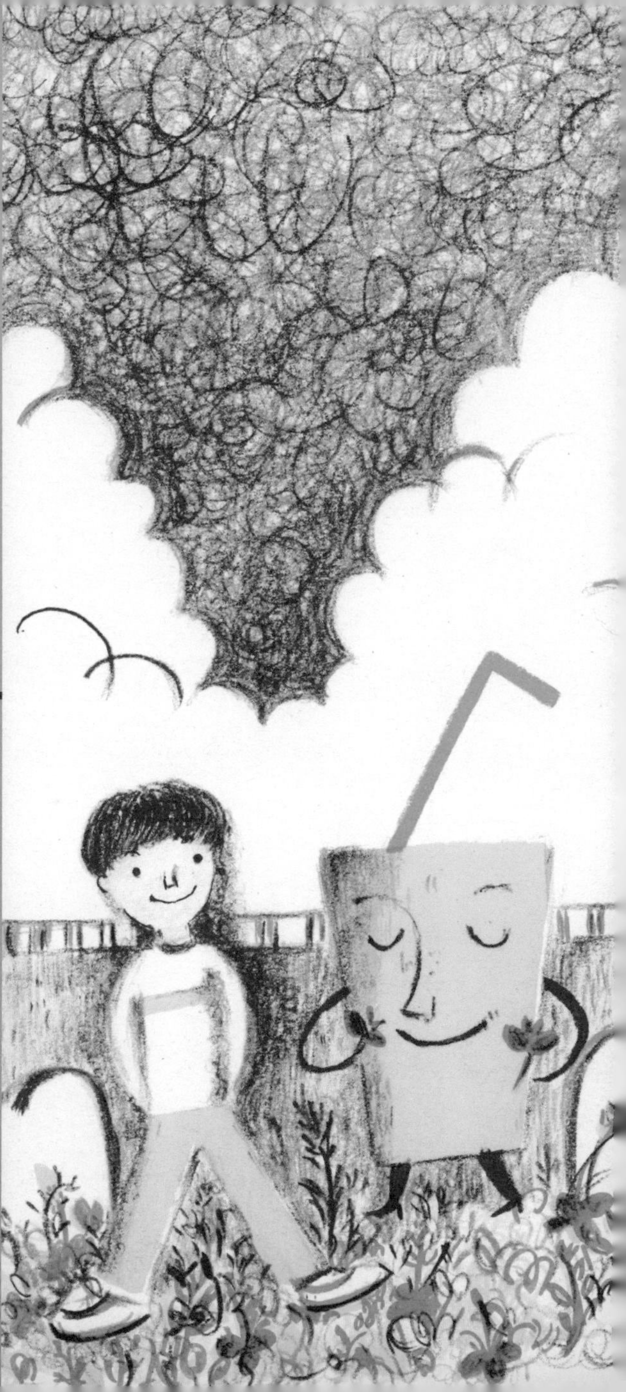

Chapter 1

Summer Tea Lesson

接著要介紹
沖泡美味冰紅茶與花草茶等夏日飲品的方法、
以及搭配組合。

How to make the tasty iced tea

冰紅茶的沖泡方法

要沖泡好喝的冰紅茶，有兩種方法

在外面常常喝到味道清淡、也沒有什麼香氣的冰紅茶，但要是自己來泡的話，總是想要泡出好喝的冰紅茶啊！這裡將「好喝的紅茶」分成「帶透明感」以及「充分帶出紅茶香氣」兩種類型。

1
冰紅茶

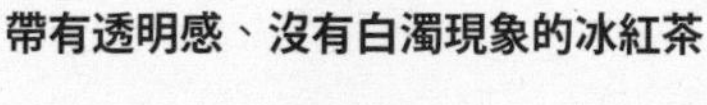

帶有透明感、沒有白濁現象的冰紅茶

沖泡方式是最常見的「加冰塊」。沖泡紅茶時常常會發生白色混濁的現象，稱為「cream down」，是茶湯中由單寧酸與咖啡因結合而成的美味成分，因為溫度下降而凝固所導致。雖然cream down現象並不會影響茶的口感，可是外觀實在不太討喜。要避免產生cream down現象的話……

1…… 選用單寧酸含量較少的茶葉。

2…… 抑制單寧酸的釋出量。

3…… 急速冷卻，讓單寧酸與咖啡因不易結合。

（透過急速冷卻的方式，同時也能鎖住紅茶的香氣。）

要注意以上3點。另外要注意的是，單寧酸也是紅茶美味的重要成分，如果因為在意產生白濁現象而太過於小心翼翼，可能會沖泡出淡而無味、毫無香氣的紅茶。因此，要沖泡出沒有白濁現象又好喝的冰紅茶，請記住一定要同時考慮茶葉份量、浸泡時間等因素來斟酌調整單寧酸的釋出量。

冰紅茶的沖泡方法

跟沖泡熱紅茶一樣，用大火在短時間內煮沸新鮮的清水。放一茶量匙的茶葉到已用熱水溫過的茶壺中，注入 120cc 煮沸的 100℃ 熱水（不斷地冒出錢幣大小氣泡的狀態）。浸泡 2 分鐘後，透過濾茶器將茶湯倒入另一個茶壺裡。如果想要甜味，可在此時加入 1~2 茶匙的白砂糖。在玻璃杯中放入冰塊（九分滿），從上方將紅茶淋到冰塊上，瞬間冷卻紅茶。

適合用來沖泡冰紅茶的茶葉

建議選用有強烈香氣、單寧酸含量較低的茶葉。如格雷伯爵茶(中國紅茶)、汀布拉(錫蘭紅茶)等等。

2
皇家冰奶茶
充分帶出紅茶美味的冰涼紅茶飲品

想要像喝熱紅茶一樣，將紅茶的美味充分提煉出來、然後冰冰地享用，但總是很容易因此產生白濁現象。那麼就沖泡成濃濃的皇家奶茶，然後冰得涼涼的，這樣就不用擔心白濁現象，可以開心地享用美味的紅茶了。

只要到了夏天，我一定會隨時備著這樣的冰茶。想喝的時候，馬上就能倒進杯子裡咕嚕咕嚕地大口喝，非常方便。另外，想要裝進水壺裡攜帶外出飲用的話，我也大力推薦這種冰涼茶飲喔。

皇家冰奶茶的沖泡方法

煮沸新鮮的清水，放一茶量匙的茶葉到已用熱水溫過的茶壺中，注入80cc煮沸的100℃ 熱水。浸泡4分鐘之後，透過濾茶器將茶湯倒入另一個茶壺裡，加入1~2茶匙的白砂糖。奶茶中加入砂糖的話，更能帶出其香醇的茶澀味與風味，所以請一定要加一點糖。然後再加入70cc冰牛奶。在玻璃杯中放入七分滿的冰塊， 從上方將茶淋到冰塊上，使茶瞬間冷卻。

適合用來沖泡皇家奶茶的茶葉

建議選用口感及風味濃郁豐富、茶湯顏色較深的茶葉。 如阿薩姆 (印度紅茶)、肯亞 (肯亞紅茶)、祁門 (中國紅茶) 等等。

Iced Tea Variation

冰紅茶食譜

不僅限於酷暑時，
一整年都想享用的紅茶食譜

在製作冰紅茶時，常常會加入一些帶有甜味的其他食材，所以除了沖泡紅茶的茶壺之外，請再準備另外一個大壺，透過濾茶器把茶湯倒入那個大壺中。

糖請選用白砂糖。

果汁請選用無糖的100%純果汁。

依照食譜上的指示依照順序加入食材。

跟自家製作的冰塊比起來，市面上販售的冰塊凝結體積較大，因此較不容易融化，看起來呈透明狀態，適合用來製作冰紅茶。

Fruit Separate Tea

雙層果茶

汀布拉錫蘭紅茶 1 匙、熱水 100cc、砂糖 3 小匙、葡萄柚汁 20cc(浸泡時間 2 分鐘)

✦

以加冰塊的方式來製作含糖冰茶，從上方輕輕地加入葡萄柚汁。要喝之前，先用吸管攪拌均勻。讓茶漂亮地分成兩層的小祕訣，是製作含糖冰茶時，糖要加得多一些。

Summer Squash

夏日果茶

格雷伯爵茶 1 匙、熱水 70cc、柳橙汁 30cc、薑汁汽水 20cc(浸泡時間 2.5 分鐘)

✦

以加冰塊的方式來製作冰茶，最後再加入柳橙汁與薑汁汽水。

Iced Cambric Tea

坎布里克冰奶茶

阿薩姆紅茶 1 匙、熱水 80cc、薑汁 1/2 小匙、蜂蜜 2 小匙、牛奶 60cc(浸泡時間 4 分鐘)

✦

沖泡方法與皇家冰奶茶相同。

Iced Chamomile Milk Tea

洋甘菊冰奶茶

錫蘭紅茶1匙、洋甘菊（乾燥）1小匙、熱水80cc、白砂糖1小匙＋牛奶70cc （浸泡時間4分鐘）

✦

沖泡方法與皇家冰奶茶相同，但在浸泡時將乾燥洋甘菊與紅茶茶葉一起浸泡。

Holiday Milk Tea

假日奶茶

阿薩姆紅茶1匙、椰奶（粉）2大匙、白砂糖2小匙、熱水80cc、牛奶50cc（浸泡時間4分鐘）

✦

沖泡方法與皇家冰奶茶相同。在茶湯濾過倒入大壺以後，再加入椰奶粉攪拌使其均勻溶化。

Mid-summer Punch

盛夏水果冰茶

錫蘭紅茶1.5匙、熱水70cc、白砂糖2小匙、檸檬汁半顆份、萊姆汁2大匙、蘭姆酒2大匙（浸泡時間2.5分鐘）

✦

在加了砂糖、稍稍放涼的熱紅茶中混入其他材料，然後倒入放了冰塊的玻璃杯中。

Everytime Iced Tea

隨時都可以享用的冰茶

基本上，以加冰塊的方式製作而成的冰茶是無法事先做好保存的。但如果是皇家冰奶茶的話，放進冰箱就可以保存一整天。做一大壺放著慢慢喝吧！

1 公升份的材料

茶葉（阿薩姆・肯亞等）.........茶量匙平匙 10 匙（20g）
熱水....................................500cc
白砂糖.................................4 大匙
牛奶....................................500cc
浸泡時間..............................4 分鐘

＊在浸泡茶葉時加入肉桂、丁香、肉豆蔻等的香料的話，會更加美味。一定要試試看！

Let's enjoy herb tea

一起享受花草茶吧

有關花草茶

常常聽到有人說「夏天要喝熱飲才能解暑」。
真的，暖暖的花草茶可以使我們的身體跟心靈都恢復元氣。
夏天總是很容易吃壞肚子或是感到疲倦無力，
喝上一杯花草茶，一邊享受茶的美味一邊放鬆舒緩心情，
還可以健胃整腸，調節滋潤身體。

花草茶的沖泡方法

將新鮮的清水煮沸。

✦

在茶壺中放入1~2茶量匙的乾燥花草茶。

✦

不要用剛沸騰的熱水沖泡，關火後等20秒左右，再將熱水倒入壺中。份量大約是150cc左右。

（剛沸騰的熱水會使花草茶的精油成分過度揮發，所以不建議使用。）

✦

浸泡5分鐘以上，透過濾茶器倒進杯子裡。

＊乾燥的花草茶與空氣接觸之後，如果放在高溫、潮濕或陽光直射的地方，會使風味變差甚至長蟲，因此請儘快喝完。蟲大多是由外面跑進去的，所以請將乾燥花草茶放進密封的容器內保存。

＊本書中花草茶的份量都是以乾燥品來計算。

＊茶葉的份量請一定要以茶量匙來計算。

Chamomile

洋甘菊

Just try it! You'll be free from nightmare and have a pleasant sleep.

就寢時間喝一杯。撫平不安的情緒，幫助入眠。

洋甘菊 1 匙、熱水 150cc，浸泡時間 5~10 分鐘

Rose

玫瑰

Ring-a-ring o'roses, a pocket full of posies.
A-tishoo! A-tishoo! We all fall down!

對皮膚好、也可以提神，能使心情愉快放鬆。

玫瑰 2 匙、熱水 150cc，浸泡時間 5~10 分鐘

Mallow

藥蜀葵

Change in the color brings everyone joy and surprize.

抑制咳嗽。這種香草剛泡時是藍色的，如果加入檸檬之類的酸性物質就會變成深粉紅色，所以也稱為 Surprise Tea.

藥蜀葵 2 匙、熱水 150cc，浸泡時間 5 分鐘

Lavender

薰衣草

Lavender's blue, diddle diddle lavender's green.
When I am king diddle diddle you shall be queen.

減緩頭痛，適合心情不美麗的時候 ......。

薰衣草 1 匙、熱水 150cc，浸泡時間 5 分鐘

Mint

薄荷

Nobody can number every effect of mint.

吃太多、用餐太匆促之後飲用可以幫助消化。

薄荷 1 匙、熱水 150cc，浸泡時間 5~10 分鐘

Linden

菩提葉

It's you! You yourself are rotating!

據說對暈眩、心悸有療效。

菩提葉 1 匙、熱水 150cc，浸泡時間 5 分鐘

Lemon balm

檸檬香蜂草

Once upon a time, the Prince of wales used to drink a cup of lemon balm tea every morning, and he lived to be 108 years old.

能舒緩壓力，據說對低血壓的症狀有幫助。

檸檬香蜂草 1 匙、熱水 150cc，浸泡時間 5~10 分鐘

Lemon grass

檸檬草

Hey boys! You sweat at your job,
but you won't sweat by a cup of hot tea.

有著強烈的檸檬香氣。

促進排汗以及提高新陳代謝，也有清熱解暑的功效。

檸檬草 2 匙、熱水 150cc，浸泡時間 5~10 分鐘

Rose hip

玫瑰果

Are you all right?Let's get better with a cup of rose hip tea.

補充維他命 C、幫助退燒，感冒時建議飲用。

玫瑰果 2 匙（盡量搗碎)、熱水 150cc，浸泡時間 5~10 分鐘

Hibiscus

洛神花

It's really good for your health,even though it's a little sour.

改善貧血，維他命 C 的含量也很豐富。

洛神花 2 匙（盡量搗碎)、熱水 150cc，浸泡時間 5~10 分鐘

Herb Tea Variations
加入花草茶製作的食譜

很多人都知道花草茶飲對身體很好，但是總覺得有那麼點難以入口、因此敬而遠之。這裡為大家介紹幾種好喝又極具療效的花草茶食譜。(乾燥花草茶的份量全部都是以150cc的熱水為基準來計算的，浸泡時間約5分鐘)

有著粉嫩嬰兒粉紅色的茶飲
藥蜀葵2匙、蜂蜜2小匙、
葡萄柚汁（100%純汁）3小匙

讓你更冷靜沈著
檸檬香蜂草1/2匙、菩提葉1/2匙、洋甘菊1/2匙

幫助消化順暢
薄荷1匙、檸檬草1匙

舒緩頭痛、放鬆精神
洋甘菊1/2匙、玫瑰1匙、薰衣草1/2匙

振奮精神、調整身體狀況
薄荷1匙、洛神花（搗碎）2匙、蜂蜜2小匙

Chapter 2

Easy to Cook Summer Tea Food

接下來要為大家介紹不甜的、
不需要烘焙的、吃起來冰冰涼涼的，
以及使用了花草茶為食材的夏日茶點。
每一種都很簡單，是可以輕鬆愉快地製作的茶點。

1

Simple Tea Food

不甜的茶點

提到紅茶一般就會想到甜點，
但也可以選擇帶有點鹹味的、像起司小餅乾這類的點心，
如同享用輕食般地來搭配紅茶。
沒有食慾的時候，可以選擇這類的小點，
這個吃一小口、那個也試一點點。

Simple Tea Sweets

清爽的夏日茶點

簡單的 24 款食譜
仔細挑選了最適合在炎熱的季節裡
搭配紅茶一同享用的點心。

2

Unbaked Tea Food

不用烘焙的茶點

讓夏天的廚房不再悶熱的開心食譜！

3
Cool Tea Food
冰涼沁心的茶點

冰冰的、加了很多蛋跟牛奶，
看起來鮮艷繽紛的好心情食譜。
搭配濃濃的冰奶茶或是溫熱的香草茶都很適合。

✦ 使用的香草皆為乾燥花草茶。
✦ 製作冰淇淋時，請使用金屬或是琺瑯材質的附蓋容器，並用木湯匙攪拌材料。
✦ 冰的點心請於當日食用完畢。
✦ 材料為 3 ～ 4 個人一次下午茶可吃完的份量。
✦ 此份食譜的標準……如果沒有特別要表現的口感的話，麵粉 = 低筋麵粉、奶油 = 無鹽奶油、砂糖 = 白砂糖、蛋 = 大顆的、1 杯 =200cc、大匙 =15cc、小匙 =5cc。烘培時間與溫度則視情況而定。

4
Herb Tea Food
香草茶點

可以讓你在調整體內平衡的同時又能享受午茶時光的，
就是使用了花草茶的點心食譜。
有風味自然單純的冰淇淋等，
是誰都能輕鬆上手的簡單食譜。

Sesame Biscuit

芝麻餅乾

總之就是好吃

麵粉 120g、泡打粉 1 小匙、芝麻 1 大匙、紅番椒少許過篩加入盆中，用手指捏碎骰子大小的奶油 60g 混入，再加入過篩的巧達起司 35g 攪拌均勻。加入蛋黃 1 個，把材料揉成一整個麵團之後，用錫箔紙將麵團包起來放入冰箱靜置 1 小時。揉成直徑 4cm 的長條，再切成 5mm 厚的片狀。在表面塗上蛋白、鋪灑上芝麻，以 180℃烤 19 分鐘。

Welsh Rarebit

威爾斯吐司

也是一道傳統點心

在厚鍋中融化奶油 1 大匙之後，加入過篩的巧達起司 35g、黃芥末 1 小匙、啤酒 1 大匙、黑醋醬 1 小匙、山葵醬 1 小匙、黑胡椒少許，並使全部的材料融化混合均勻。然後將這些醬料塗抹在吐司上，放入烤箱烘烤。

Shortbread Biscuit

奶酥餅乾

坎布里克冰奶茶的完美搭檔

將奶油 60g 以及砂糖 40g 混合打發呈白色之後，加入粳米粉 20g、杏仁粉 20g、麵粉 70g 以及蛋黃 1 個，攪拌均勻。將麵團揉成長方條狀，用錫箔紙包好，放入冰箱靜置 1 小時之後，切成 5mm 厚片狀。於表面塗上蛋白，鋪上杏仁片，以 180℃ 烤 18 分鐘。

Farmer's Biscuit

農夫餅乾

有著豐富的營養，並且繽紛多彩

以奶油拌炒洋蔥末 30g、彩椒末（紅色與綠色）30g，再加入芥末醬 2 小匙。拌炒時小心不要炒焦了。把麵粉 75g、泡打粉 1/2 小匙、砂糖 1 小匙放入盆中，用手指捏碎骰子大小的奶油 25g 並混入。再加進蔬菜以及牛奶 2 大匙，然後揉成葡萄大小的圓球，從中間壓扁做成餅乾的形狀，以 180℃ 烤 30 分鐘。

Pepper Biscuit

胡椒餅乾

做成細長狀也不錯

將麵粉 110g、鹽少許、胡椒粉 1/2 小匙均勻混合後，過篩到盆子裡，用手指捏碎骰子大小的奶油 60g 並混入，再加入帕梅森起司 25g 跟蛋 1 顆。將麵團放進冰箱中靜置 2 小時以後，揉成直徑 3cm 的長條，再切成 5mm 厚的片狀。灑上紅辣椒粉之後以 180℃烤 20 分鐘。

鹹布丁（6 個）

可以做成香料奶油或是起司口味

將麵粉 100g 放入盆中，加進蛋 2 顆、鹽少許混合均勻。再加入牛奶 200cc，小心攪拌均勻成無顆粒狀的麵糊。倒入抹了奶油的瑪芬模型中以 230℃烤 15 分鐘。

Salty Pudding

Salty Pie

鹹派

葡萄乾是味道的重點所在

將麵粉 125g、鹽 1/2 小匙放入盆子裡，用手指捏碎骰子大小的奶油 60g 並混入。加入冷水 2 大匙混合，再用整個麵團用保鮮膜包起來之後放進冰箱靜置 1 小時。把麵團擀平之後切成 5cm 大小的方形，將混合了茅屋起司 50g、鮪魚罐頭 1 罐、黑胡椒少許、葡萄乾少許的餡料鋪在正中間。邊緣對齊，做成三角形，用叉子沿著邊緣壓合。以 200℃烤 17 分鐘。

Spoon Biscuit

湯匙餅乾

隨興自在簡單就可做成

輕柔地將奶油 30g 打發呈白色之後，加入糖粉 1 大匙、蛋 1/2 個。依序加入酸奶油 1/2 小匙、優格 20g、葡萄乾 1 大匙、香草精少許之後混合均勻。在麵粉 50g 中加入泡打粉 1/4 小匙、鹽少許，然後過篩加入盆中。用湯匙一勺一勺地挖起麵團，然後並排在烘焙紙上，以 180℃烤 17 分鐘。可以灑上糖粉做最後裝飾。

Tea and Salt
茶與鹽的故事

中國一直到唐朝前期，
都會加入鹽以及烤過的小蘇打粉來調和茶的苦澀味。
一直到現在，
世界上也有喝著帶鹹味茶飲的地方。
雖然我們沒有將鹽巴加入茶中飲用的習慣，
但在日本也有一邊喝茶一邊品嚐醃漬醬菜的搭配方式，
所以鹽的鹹味與紅茶搭配起來應該不會太奇怪。

好吃的西式醃製蔬菜 (Pickles)

在盛放鹹味茶點（例如鹹派）的盤子邊上放一些的話就會令人感到開心的，就是好吃的西式醃製蔬菜。

製作方法

將黃瓜、胡蘿蔔、芹菜等等切成小段，輕輕抓一點鹽，加入調和醋，放置 1～2 日後即可食用。調和醋的作法是將米醋 500cc、鹽 1.5 大匙、砂糖 5 大匙、黑胡椒數粒、月桂葉 1 片、辣椒 1 個全部放在鍋中稍微加熱，再放入蒜頭 1 整片。

格雷伯爵布丁
適合夏日的清爽口感

Earl Gray Pudding

先將格雷伯爵茶 1 大茶量匙用熱水 50cc 沖泡成茶湯。加熱牛奶 200cc 但不要煮到沸騰，加入砂糖 1.5 大匙與吉利丁粉 5g，使其溶解於牛奶中，然後混入格雷伯爵茶的茶湯。冷卻之後，加入蛋黃 1 個混合，倒入小碗，放入冰箱冷卻 1 小時左右。

夏日乳酪蛋糕
可以在旁邊擺上切片水果

Summer Cheese Cake

將微波加熱融化的奶油 1 大匙加入餅乾碎末 35g 中，然後鋪入直徑 15cm 的模型裡。混合奶油乳酪 100g、砂糖 2 大匙、檸檬汁 1 大匙，加入事先打發到七分的鮮奶油 50cc。然後加入融有吉利丁粉 5g 的熱水 50cc 攪拌均勻，倒進模型裡，放進冰箱中冷卻 1 小時。

Unbaked Biscuit

不用烤的餅乾

味道香濃，切成小塊小塊地吃

將葡萄乾 60g、砂糖 70g、奶油 30g 放入鍋中，煮沸後就關火。放涼後，加入蛋 1/2 個、牛奶 2 小匙、香草精少許，再煮一次。冷卻之後加入核桃碎粒 50g 與弄碎的玉米片 1 杯，混合均勻。用湯匙把材料壓平於 15cm 大小的圓形模型中，灑上椰子粉 1 大匙之後，靜置等到變硬定型為止。

檸檬脆粒蛋糕

不論做過幾次都還想再做

Lemon Crunch Cake

將煉乳 100cc 倒入托盤，放入冷凍庫冷凍 20 ～ 30 分鐘。加入檸檬汁 1 顆份混合均勻，另外打發蛋 1 個，加入砂糖 30g 與鹽少許，再加入融有吉利丁粉 5g 的熱水 50cc，攪拌均勻之後倒入托盤中，然後將玉米片 1/2 杯、微波加熱融化的奶油 2 大匙、砂糖 2 大匙均勻混合後鋪上，放入冰箱中冷卻 2 小時。

Tea and Salt
紅茶與水的故事

紅茶是由茶葉與水等簡單的材料組合而成的飲料，
所以使用的水非常重要，
光是水就足以讓紅茶的韻味更加鮮明。
適合用來沖泡紅茶的水，
是礦物質含量適中、沒有怪味的軟水，
而日本的自來水就大多符合以上的條件了。
事實上紅茶的風味與水質有著很大的關係，
在英國就曾有過這樣的例子：
有人試著用當地的水沖泡大吉嶺茶，
驚訝地發現完全感受不到大吉嶺帶有清爽茶澀的
特色口感，而變成平淡溫吞的味道。

note

有關淨水器

如果想要改善日常用水的水質，現今可利用淨水器過濾掉自來水中的異物與異味。至於呈鹼性的電解水則不適合用來沖泡紅茶。

有關礦泉水

一般來說，礦泉水多為硬水，很難將好喝的成分沖泡出來，所以不建議選擇礦泉水來泡茶。(風味特別強烈、特色較為明顯的紅茶，可以利用硬水使其口感變得較為柔和，這是少數的例外。)另外，日本的礦泉水雖為軟水，但因為內含空氣量很少，也不建議使用。

✦ 最近引起話題的三鹵甲烷以及氯氣，只要在將自來水煮沸後，打開水壺的蓋子再煮個3分鐘左右，幾乎都會揮發掉。

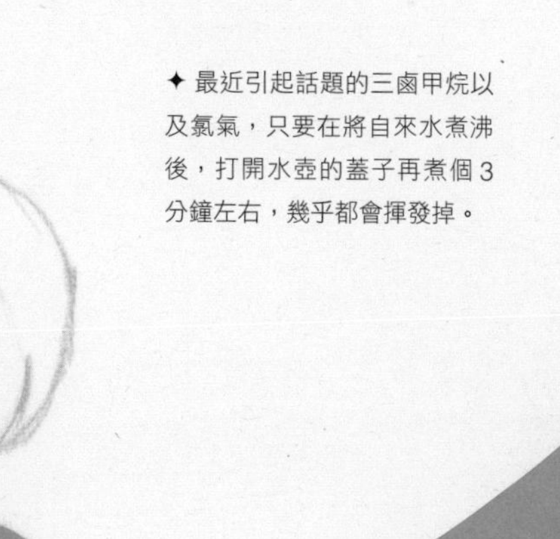

女孩最愛的查佛蛋糕

可以用各種不同造型的玻璃容器盛裝

Girl's Trifle

在鮮奶油 150cc 中加入砂糖 25g 打發。然後依序加入切碎的檸檬皮 10g、橘子皮 10g、橘子汁 2 大匙、檸檬汁 2 小匙。將撕成小塊的海綿蛋糕或蜂蜜蛋糕 60g 放進玻璃杯中。鋪上對切的草莓 9 個，再加上鮮奶油。上桌前 2 小時就要先放在冰箱中冰鎮。

白與黃

跟綠色的餐墊很搭

White & Yellow

將蛋黃 1 個與砂糖 40g、麵粉 1 小匙、玉米粉 1 小匙混合之後倒入鍋中，再加入牛奶 200cc。開小火用木鏟拌炒，小心不要燒焦。煮成奶油狀的麵糊之後關火，加入香草精 1 小匙、蘭姆酒 2 大匙，混合均勻。放涼後，裝進玻璃杯中，打發蛋白 1 個，加入香草精 1 小匙，鋪在上層。

Iced Fruit Fool

冰涼果泥

用小小的玻璃容器盛裝，再放上一根小湯匙

將罐頭水果(西洋梨或是水蜜桃)搗成泥狀，加入檸檬汁 1 小匙、蜂蜜 1 小匙。然後再混入打發的鮮奶油 100cc，裝進玻璃杯中，用薄荷葉點綴。

Summer Pudding

夏日布丁

英國初夏時享用的紅色布丁

將蔓越莓 1 杯、草莓切片 1 杯、水 1/4 杯放入鍋中煮 5 分鐘左右，然後融入砂糖 20g。將吐司去邊切成 5cm 大小的塊狀，貼放在玻璃大碗的內側。然後慢慢地倒入剛剛加熱的水果，放在冰箱中冷藏一晚。上桌前，把布丁倒扣到盤子上，用鮮奶油裝飾。

The Caddy Spoon Story
茶量匙的故事

茶量匙是飲茶時間會使用到的湯匙之一。
Caddy 這個字來自馬來西亞語「kati」，
意思是「600g」。

茶在以前是奢侈品，被裝在陶製的壺中攜帶運送。
這種陶壺的容量約為 600g，
所以就以「caddy」來稱呼這種裝茶葉的容器，
因而量取茶葉的量匙也就被稱為「caddy spoon」。

它在茶具的世界裡出現的時間比茶壺稍晚，
大約是在 1750 年左右。
茶量匙的造型各有不同，
以前曾在裝茶葉的箱子中找到帆立貝的貝殼，
當時的人會直接用它來盛取茶葉，
所以日後茶量匙的造型多設計為貝殼形狀。

其他還有植物、右手、騎士的帽子、
老鷹的翅膀、愛心、圓形、平底鍋等不同形狀，
因時代不同而有各種不同的造型。
我個人比較偏愛 1820～1830 年間
喬治王朝的簡單設計款式。
茶量匙小巧可愛，
銀製的茶量匙在英國也是種古董收藏品。
至於實際在廚房茶水間使用的，
則是以不鏽鋼製的較為方便。

4 Herb Tea Food 香草茶點

薑餅
有點老雜貨店的懷舊味道

Ginger Biscuit

輕柔地將奶油 60g 打發呈白色之後，加入砂糖 45g、蜂蜜 25cc、雞蛋 1 個、薑泥 1 小匙混合均勻。在麵粉 200g 中加小蘇打粉 1/2 小匙，混合後揉入材料中。將麵糰放進冰箱靜置 1 小時，取出後，揉成直徑 4cm 的長條，再切成 5mm 厚的片狀，以 180℃烤 13 分鐘。

香草蜂蜜
搭配鹹派享用

Herb Honey

蜂蜜 500cc 加入檸檬香蜂草 2 大匙，用微波爐加熱使蜂蜜融化，攪拌均勻。

Chocolate Mint Biscuit

薄荷巧克力餅乾

配上熱熱的薄荷茶，剛剛好！

輕柔地將奶油 60g 打發呈白色，加入砂糖 50g 混合均勻。加入薄荷葉 2 大匙、麵粉 90g、可可粉 30g。揉成一團之後放進冰箱靜置 1 小時。取出後，揉成直徑 4cm 的長條，再切成 5mm 厚的片狀，以 190℃烤 15 分鐘。

Hibiscus Ice cream

洛神花冰淇淋

健康又美味

將洛神花 10g 用熱水 50cc 沖泡 5 分鐘，加入檸檬汁 1/2 個份、柳橙汁 1 大匙放涼。混合蛋黃 1 個、砂糖 70g，然後加入打發到七分的鮮奶油 150cc，最後再混入洛神花茶湯。倒進有蓋子的平坦容器中，放進冷凍庫。注意要時常攪拌、不要使其結凍。冷藏的 3 小時內要一直重複這樣的動作。

4 Herb Tea Food

香橙紅茶雪酪
在當天好好享用吧

Orange & Tea Sorbet

沖泡濃濃的格雷伯爵茶 100cc，加入蜂蜜 1 大匙攪拌至完全溶解，靜置冷卻。然後加入柳橙汁 250cc。倒進有蓋子的平坦容器中，放進冰箱中使其結凍。2 小時後，用叉子刮鬆結凍的部位呈冰沙狀。重複同樣的步驟 2 次。

薰衣草冰淇淋
適合搭配古董玻璃杯享用

Lavender Ice cream

用熱水 50cc 沖泡乾燥的薰衣草 2 大匙 5 分鐘，製成薰衣草茶放涼備用。將鮮奶油 150cc 打發至七分左右，加入蛋黃 1 個、砂糖 50g 混合均勻。然後再加入薰衣草茶湯，倒進有蓋子的平坦容器，放進冰箱中。注意要時常攪拌，不要使其結凍。冷藏的 3 小時內要一直重複這樣的動作。

檸檬草冰淇淋

跟檸檬有那麼一點不同的美味

Lemon grass Ice cream

用熱水 100cc 沖泡檸檬草 3 大匙 5 分鐘，放涼備用。將鮮奶油 100cc 打發至七分左右，加入蛋黃 1 個、砂糖 2 大匙、牛奶 100cc、檸檬汁 1 小匙混合均勻。然後再加入檸檬草茶湯，倒進有蓋子的平坦容器中，放進冰箱中。注意要時常攪拌，不要使其結凍。冷藏的 3 小時內要一直重複這樣的動作。

玫瑰奶油蛋糕

用糖霜做上裝飾，做為派對時的蛋糕

Rose Cake

乾燥玫瑰花 3 大匙與白葡萄乾 1/4 杯以白蘭地 3 大匙浸漬一晚。輕柔地將奶油 50g 打發呈白色之後，加入牛奶 1 大匙、砂糖 35g、蛋 1 個混合均勻。加入葡萄乾與玫瑰花、以及麵粉 75g+ 泡打粉 1/2 小匙，攪拌混合均勻。倒進抹了油的 15cm 圓形模型中，以 170℃ 烤 25 分鐘。

Summer Flower Lesson
有關茶桌上的花朵

茶桌上只要擺上花朵的話，
桌面馬上就顯得熱鬧起來了。
對我而言，喝茶時桌面上裝飾的花朵，
跟茶點一樣是「小巧的」、「清爽的」，
但絕對不可或缺，是十分重要的一個角色。
擺設佈置花朵時，應該要跟紅茶搭配，
設計成帶有「居家風格的簡單快樂」氛圍。
雖然抱持著這樣的想法，
卻不會把它當成一個規則，
每個人應該都有自己擺設佈置的不同創意。
比較在意的一點是，
如何讓這些用心擺設的花朵
可以維持新鮮漂亮更長更久一點。
接著，就為大家介紹
可以維持桌花新鮮漂亮的
「給水」及「桌花的修整維護」等方法。

「給水」指的是？

花朵從花莖吸水，然後送到花跟葉子的部位。讓花莖可以順利地吸收並將水份往上運送，就稱為給水。花剛買來的時候，要先分類，摘除多餘的花朵與葉子，仔細觀察花莖的切口，然後依狀況給水。

須準備的用品

✦ 銳利好剪的花剪或是小刀（不利的刀刃會破壞花莖組織）

✦ 報紙、透明膠帶

✦ 碗之類可裝水的容器

✦ 鐵鎚或擀麵棒

給水的方法

1...... 水切法

於水中斜剪花莖，是幾乎所有的植物都可使用，最基本簡單且有效的方法。

✦ 即使是很難保鮮的花朵，也可以先試試看水切法再試試其他的方法。

✦ 藍星、洋牡丹這類切口會流出汁液的植物，請於剪莖之後將汁液洗淨。

✦ 使用冰水的效果非常顯著。

2...... 敲打花莖

適用於樹枝或花莖為的纖維較硬、切口較細，水份較難往上方運送的植物（菊花、瑪格麗特、金雀花等）的方法。用鐵鎚或是擀麵棒敲打切口處，使纖維軟化，再於敲打過的部分使用水切法。

如果花看起來真的沒什麼生氣

在放入花瓶之前，多花點時間在給水上。先摘除多餘的葉片，讓花莖伸直，用報紙細細地包捲起來，此時要特別小心不要傷到花瓣。

✦「水切」之後，浸泡在冷水中1～3小時，然後靜置於不會吹到風的蔭涼處。

✦ 如果是盛夏氣溫酷熱時，做完水切之後，就將花整束泡進大量的冰水中，只要不要淹到花朵跟葉子就好。然後靜置於蔭涼處。這稱之為「深水」法。

✦ 也有稱為「浸燙」法的特殊給水方法：用剛煮好的熱水浸泡根莖前端 10 秒左右，再馬上泡進冷水中。使用這個方法時，要小心花朵跟葉子不要碰到熱水的蒸氣。

接著，插進花瓶裡吧

要注意花跟葉子的部分不要浸泡到水裡，否則會產生細菌、容易造成水質腐臭。

高溫及浸水所產生的細菌會依靠花的養份繁殖，產生讓人討厭的黏稠物質。當黏稠物沾黏在莖幹上，花就更難吸收運送水份，會很快就乾枯。

為了防止這種現象產生，將花瓶徹底清洗乾淨並且加入少量的含氯漂白劑，或是加入冰水防止水溫上升，都是不錯的方法。

note

插好花之後的修整與維護

使插在花瓶裡的花能夠長久新鮮艷麗的祕訣，就是時常仔細觀察花朵的狀態。

✦ 摘除已盛開並開始凋謝的花朵以及枯黃的葉片。

✦ 雖然花是一整束同時購買的，但是因種類不同，保鮮期限也有所不同。要依各自的種類施以適合的給水方式，已經枯萎凋謝的就馬上丟棄。請不要想堅持保有原來的花束大小或是高度，而是要讓剩餘的花束一直保持新鮮漂亮的狀態。

✦ 勤快地換水。一天換兩次也不嫌多。天氣熱的時候，還可以加入冰水。

✦ 每次換水都要將花莖以及花瓶內側確實清洗乾淨。

✦ 每次換水都要再實施一次給水法。

五個愉快的杯子

這裡有五個人，他們總是

啊！

喀啦喀啦
喝茶是最棒的！
比什麼事情都來得重要一
Here we are!
咚
扣
咚
扣
咚

變得怎樣了呢？

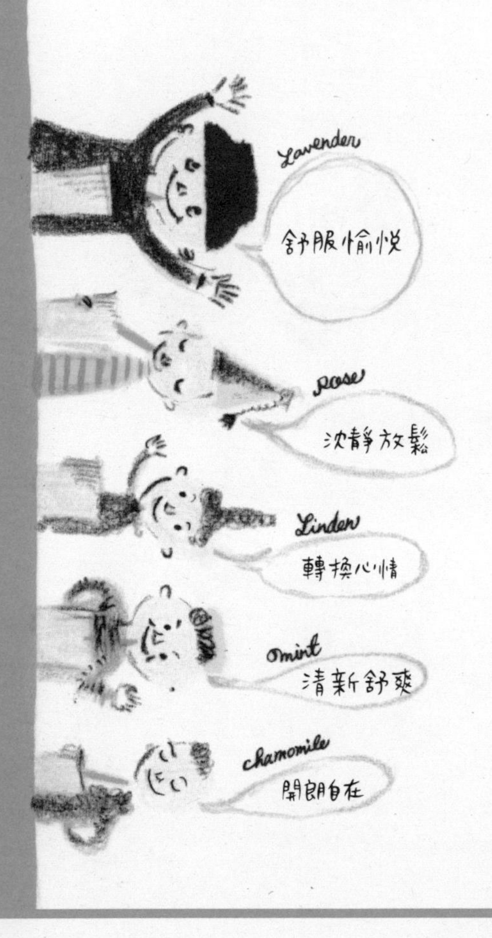

Lavender
舒服愉悅
Rose
沈靜放鬆
Linden
轉換心情
mint
清新舒爽
chamomile
開朗自在

太好了!

喝茶是最棒的!

比什麼事情都來得重要 —

喀啦喀啦

一回到家之後，會喝些什麼？

「據說葛倫中尉於 1962 年搭乘 Friendship 7 號繞地球三圈並安全降落之後，說：『想要先喝杯冰紅茶』」

「我也一樣吧！」

山田詩子

Have a
lovely
Summer tea time

作者介紹

山田詩子

1963 年 出生於名古屋市。
畢業於立命館大學。喜歡紅茶，對英國文化懷有高度的興趣，先在東京的國分寺開了一間小小的紅茶專賣店「Karel Capek」，之後遷到了吉祥寺。一邊經營品牌一邊物色適合的紅茶，同時也著有「紅茶時間」(共 3 冊)、為插畫家與繪本作家。

Karel Capek 紅茶專賣店

Karel Capek 從世界各地進口嚴選紅茶，提供專屬品牌茶葉、花草茶、紅茶茶具。有關店名的由來，從小學時代就很喜歡讀知名捷克作家卡雷爾・恰佩克 (Karel Capek) 的著作《Dasenka》、《醫生的很長很長的一番話》，因此以他的名字而命名。店鋪除了以下這家另有六家分店。如果您到了附近歡迎到店裡看看。另外，也提供郵購販售、以及婚禮、生產祝賀等等的禮物，歡迎一併利用選購。

✦ 吉祥寺本店（11:00～20:00）
武藏野市吉祥寺本町 2-14-7（Lives）1F
Tel.0422-23-0488

✦Karel Capek 郵購販售部
（10:00～17:30 週六、週日休息）
如需目錄，請與我們聯絡。
武藏野市吉祥寺本町 1-10-18
Tel.0422-23-1993
Fax.0422-29-7607

✦ 官網
http://www.karelcapek.co.jp/

Staff
美術編輯 ………… 長岡惠美
編輯 ………………… 丹治史彥 [Media Factory]
協助 ………………… Karel Capek 有限公司
高木志保 + 山田 Reiko+ 山田 Haruka+ 加藤康之

紅茶時間
II
清爽的夏日午茶時光

Summer Tea Book

圖文創作 山田詩子（Utako Yamada）
譯　　者 苡蔓
總 編 輯 陳郁馨
副總編輯 李欣蓉
責任編輯 闕寧
行銷企劃 童敏瑋
印　　務 黃禮賢
社　　長 郭重興
設　　計 東喜設計
發行人兼出版總監 曾大福
出　　版 木馬文化事業股份有限公司
發　　行 遠足文化事業股份有限公司
地　　址 231 新北市新店區民權路 108－3 號 8 樓
電　　話 02－22181417
傳　　真 02－86671891
Email service@bookrep.com.tw
郵撥帳號 19588272 木馬文化事業股份有限公司
客服專線 0800221029
木馬臉書粉絲團 http://www.facebook.com/ecusbook
木馬部落格 http://blog.roodo.com/ecus2005
法律顧問 華洋國際專利商標事務所 蘇文生律師
印　　刷 成陽印刷股份有限公司
初　　版 2013 年 7 月
定　　價 220 元

✦

國家圖書館出版品預行編目 (CIP) 資料

紅茶時間. II, 清爽的夏日午茶時光 / 山田詩子(Utako Yamada)圖文創作 ; 苡蔓譯. -- 初版. -- 新北市 : 木馬文化出版 : 遠足文化發行, 2013.07　面 ;　公分

ISBN 978-986-5829-13-1(精裝)

1. 茶食譜 2. 點心食譜

427.41　　102006663

Summer
tea
Book

Summer
tea
Book

Summer
tea
Book